2

CÉLÉBRITÉS CONTEMPORAINES

CH. FLOQUET

PAR

MARIO PROTH

PARIS

A. QUANTIN, IMPRIMEUR-ÉDITEUR

7, RUE SAINT-BENOIT, 7

1883

...... puisse cet hôtel de ville qui a été agité par tant de révolutions, qui a été le témoin de tant de gloires et de tant de désastres, rester désormais l'asile inviolé de Paris libre dans la France forte et respectée !

G. Flaquer

CHARLES FLOQUET

CHARLES FLOQUET

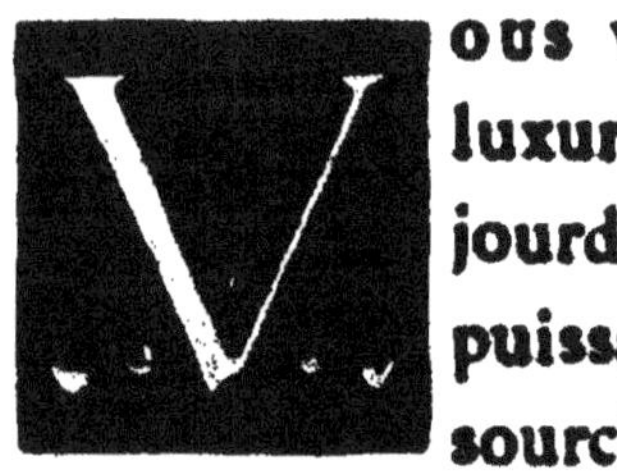ous voyez, sous cette chevelure luxuriante, blonde naguére, aujourd'hui grisonnante, ce front puissamment modelé; sous ces sourcils bien fournis, ces yeux au regard clair, brillant et droit, ce nez aquilin et fort, aux narines bien ouvertes, cette bouche fine, aux lèvres minces et d'un régulier dessin, cette figure ouverte et souriante, sérieuse et d'un vif attrait; c'est Charles Floquet.

Il a, tous le disent ou l'avouent, un magnifique talent oratoire. Il a, ses adversaires le reconnaissent, un caractère, simple et fier. Avec un talent et un caractère on fait un type. Charles Floquet sera, en effet, une des figures typiques de la République troisième et définitive. Vous lui trouveriez facilement sa pareille parmi les portraits de la Convention. Homme d'action enthousiaste et prompt, tribun vigoureux, il eût été, en 92, un chef à la Montagne, un commissaire aux armées. Il fut contre le bas empire un révolutionnaire. Il est, dans le gouvernement du suffrage universel, un précurseur et un fondateur.

Né à Saint-Jean-Pied-de-Port (Basses-Pyrénées), le 20 octobre 1828, Floquet achevait, en 48, au collège Saint-Louis, d'excellentes études, couronnées souvent dans les concours. Éclate le 24 février. La guerre est dans les rues, et prudemment on garde les écoliers dans les écoles. Floquet force la consigne, et avec lui deux camarades. Ils s'échappent nu-tête, en tunique, le ceinturon à la taille. Aussitôt vus, aussitôt acclamés. Un flot de peuple les soulève et les dépose aux marches du Panthéon, en face d'un régiment de ligne, le 37ᵉ. « Rendez-nous vos armes », crie le collégien en qui la foule, d'instinct, a salué déjà son orateur. « Voilà vingt-quatre heures, dit le colonel, que je suis là, sans ordre; ma foi, je rentre. » Et le régiment, colonel en tête et le peuple aux flancs, retourne dans sa caserne Lourcine. Soudain retentit un coup de feu isolé, sans but ni victime, un de ces coups de feu innocents et imbéciles qui provoquent les catastrophes. Postés aux fenêtres, les soldats arment leurs fusils, et la foule s'enfuit. Elle revient, furieuse de sa peur, houleuse et menaçante. Le colonel, bon citoyen, flaire un massacre inutile, et toutes grandes il fait ouvrir les portes. Il y a pour le peuple, il y a moisson d'armes. Floquet cueille un sabre et un fusil, et le voilà parti pour le Palais-Royal, au cœur de la lutte. C'est l'heure où brûle le poste des municipaux. Floquet se bat. Un instant, unique en sa vie, il voit apparaître la tête superbe d'Arago, dominant la bataille. Puis il entre aux Tuileries, non comme préfet encore. Beau départ, n'est-ce pas? et début gros de promesses. Floquet les a toutes tenues.

La République de 48 essaya une École d'administration. Cette école vécut assez pour conférer à Floquet un brillant diplôme, et il fit son droit. Tandis qu'il préparait ses examens, celui qui s'est appelé Napoléon III, sans rire, donna aux étudiants quelques vacances forcées, vers le 2 décembre 1851. Floquet les employa en homme qui sait le prix du temps. . Ne pouvant fréquenter l'école, il fréquenta les barricades. L'étudiant de 51 continua le collégien de 48. Car la logique, mais laissons là ce vilain mot, la suite ou la concordance est un trait dominant, une qualité maîtresse de cette originale physionomie.

En 1852, Charles Floquet, docteur en droit, président de la conférence Molé, avocat, ouvre par un coup de maître sa longue série de retentissants plaidoyers. Déjà cité pour sa parole, il figure parmi les défenseurs dans le procès de ce complot de l'Opéra-Comique, un des rares qu'aient dressés des mains françaises contre l'homme de Décembre. Il avorta, parce que les conjurés n'étaient pas des bouchers de viande humaine, et son insuccès nous coûta dix-huit ans de honte, plus l'Alsace et la Lorraine. On compta là quarante-sept accusés, vingt-cinq avocats, et à leur intention, dans le fond de la salle, derrière le public trié, un peloton de municipaux, le fusil chargé. Il y avait en ce temps sinistre, je suppose, quelque courage à disputer leur proie aux voraces de la magistrature impériale. Charles Floquet parla haut et franc, et aussi dans le procès de l'Hippodrome, et aussi dans le procès Tibaldi. Le « pouvoir fort » trembla, et Napoléon le tout petit dut comprendre qu'il ne viendrait jamais à bout de notre génération, la génération des irréconciliables.

Tant que dura le bas empire, l'éloquence de M⁰ Floquet, ardente et mesurée, d'une langue si pure, fut par toute la France au service de tous les persécutés, de tous les vaillants. Citerait-on en ces trente dernières années, au barreau de Paris, un avocat plus ubiquiste? Saurait-il énumérer lui-même tous les procès politiques, toutes les causes civiles qui lui valurent tant de bravos et de fêtes, au Nord et à l'Est, au Midi et à l'Ouest?

Mais on ne l'entendait pas qu'en France. Lui, comme tant d'autres parmi la jeunesse d'alors, étouffait dans l'empire. Pour respirer, l'on ouvrait la frontière. On s'épandait et l'on s'épanchait dans l'Europe libérale, on se retrouvait, on s'encourageait, on se comptait, on se ranimait aux Congrès de Bruxelles, de Gand, d'Amsterdam, de Berne. Lumineuses accalmies, fêtes de consolation et de réchauffement ; Charles Floquet volontiers n'en manquait pas une. Parfois nous fûmes son compagnon de route ; et combien de fois nous l'applaudîmes, ici ou là, tout près ou bien loin de la pauvre chère grande patrie, alors si impardonnable et toujours si pardonnée !

Personnalité complète et bien armée pour le combat du siècle, l'admirable orateur est doublé d'un journaliste éminent. Il s'est formé aux bonnes heures, déjà si lointaines, de discipline et d'union, alors que le journalisme était une tactique savante, à peu près inabordable aux médiocrités. En 1861, au lendemain des fameux décrets du 24 novembre, qui entrebâillaient à une manière de liberté chlorotique les portes jusque-là verrouillées du simili-parlement, *le Temps* parut, et Floquet y fut un des ouvriers de la première heure. En 1860 déjà, il avait improvisé *le Courrier de Paris*, à frais communs avec Jules Ferry, Marcel Roulleaux et Clément Duvernois, alors républicain farouche. Cette feuille d'avant-garde, aujourd'hui une curiosité historique, avait trop d'esprit pour vivre longtemps. Aussitôt née, aussitôt poursuiv:-, et presque aussitôt tuée. Une cotisation combinée de l'équipe et des rédacteurs pourvut aux dépenses du numéro testamentaire. En 1864, Floquet entra au *Siècle*, et il en fut jusqu'en 1870 un des rédacteurs les plus actifs, à Paris ou au loin, un jour menant la campagne contre les tripoteurs du Mexique ou les apostasies d'Ollivier; le lendemain, suivant et racontant Garibaldi dans sa fantastique expédition du Tyrol. Entre temps, nous le retrouvons çà et là, tiraillant avec la jeunesse du quartier latin, dans ces feuilles qu'elle lançait, légères, hardies, éphémères, à l'attaque de l'empire. Feuilles désormais historiques, elles aussi, où commença plus d'un nom aujourd'hui en vedette sur l'affiche politique et littéraire.

En 1863 (et plus tard en 1869), Charles Floquet se porte dans l'Hérault contre le candidat officiel. En 1863, c'était bien de l'audace, ou, pour parler comme à la cour de Bonaparte, du toupet. Contre cette candidature éhontée, le préfet à poigne ordonne la grève des colleurs d'affiches. Floquet toutefois finit par en trouver un assez courageux. Il lui assigne rendezvous sur la place publique, et, le lendemain de bon matin, en présence des autorités par lui prévenues, il colle lui-même sa première affiche, remet au colleur le pinceau, et l'accompagne, lui-désignant les endroits propices, à travers toute la ville, suivi par un tas de badauds qui osent l'applaudir, sinon l'élire.

En 1864, Floquet s'asseoit avec douze de ses amis sur les bancs de la correctionnelle. Ces amis s'appellent Jules Ferry, Hérold, Dréo, Garnier Pagès, Carnot... Ne leur est-il point venu cette idée pour le moins singulière de tenter l'organisation d'un comité électoral démocratique? Vite on les poursuit. O zèle! O imprudence! Voilà que les prévenus se défendent, les accusés accusent, Floquet en tête. Soudain c'est Bonaparte avec sa bande qui, bon gré mal gré, apparaît sur la sellette. Cela s'appelle le *Procès des Treize*. L'histoire s'en souvient.

En 1867, autre crime de Floquet. Il lui en a valu des insultes, celui-là, et des sottises vomies par la valetaille de l'empire et les cockneys à la suite. Les insultes sont depuis longtemps éteintes, l'écho des sottises paraît se prolonger encore dans quelques cerveaux malades. C'était en l'an d'exposition 1867. Moins méprisant que son père Nicolas, plus indulgent que son chancelier Gortschakoff, le czar Alexandre II était venu voir son bon frère, Napoléon III. On lui montrait les curiosités de la capitale : jeunes boulevards, vieux édifices, vieilles personnes, la rue de Rivoli et le gros Rouher, le musée de Cluny et la Schneider. Comme il montait les marches du palais de Justice, un avocat en robe s'approcha de lui, et, fort poliment, le saluant de la toque, lui dit en manière de bienvenue, d'une voix calme et ferme : Vive la Pologne ! Cet oublieux de l'étiquette qui avait négligé de se faire présenter, c'était M° Floquet. Grand brouhaha parmi les assistants. Ratapoil s'indigne, et Prud-homme proteste. Grand émoi dans l'entourage du czar. Alexandre, un peu effaré, rebrousse chemin et gagne rapidement sa voiture. A la portière, deux autres avocats en robe l'atten-daient, et, fort poliment le saluant de la toque, lui dirent : Vive la Pologne ! L'un s'appelait Salvetat. Il est mort, préfet de la République à Marseille ; l'autre était Gambetta. Le soir, à l'Élysée, Alexandre répétait à tout venant : Qu'est-ce qu'ils me voulaient donc, ces prêtres ? Sur les instances de quelques bonapartistes échauffés, le conseil de l'ordre s'assembla, et il décida que M⁰ Floquet avait, selon qu'il lui convenait, usé de son plein droit.

Ils en avaient usé aussi, tous ceux, vraiment innombrables, qui, sur le passage du cortège impérial, de la gare du Nord aux Tuileries, avaient crié : Vive la Pologne ! Ils en usèrent aussi, les cinquante dont fut Ulysse Parent, et qui aux portes de l'Opéra, le soir de gala, crièrent : Vive la Pologne !

Vive la Pologne ! c'était alors le sentiment, silencieux ou crié, de tout patriote français. En 1863, le guitariste maladroit du principe des nationalités, le sinistre imbécile Napoléon III avait excité de son mieux l'insurrection polonaise contre le czar. Il espérait le concours de l'Angleterre, mais elle le lâcha, comme d'habitude. Gortschakoff écrivit à toute l'Europe cette fameuse note où il est dit que quand un peuple a subi le 2 Décembre, il n'a pas le droit de s'occuper de la liberté des autres. Le Bonaparte se tut, et le bon frère Alexandre étrilla d'importance ses Polonais. Tant et si bien il les étrilla, qu'un cri d'horreur en retentit dans toute l'Europe. Nous-même, alors, nous écrivîmes pour demander si en ce siècle de sensibilité universelle, où déjà l'on avait pourvu à la protection des petits chiens et des petits chats, il ne serait pas temps d'édicter « la loi Grammont des peuples », et notre demande trouva un accueil empressé dans les gazettes du temps.

Vive la Pologne! Cela voulait donc dire, en 1867 : Vive la France, qui n'a rien de commun avec son Bonaparte! Vive la République, qui nous débarrassera de ce Bonaparte! Vive l'humanité, que nous représentons, et que vous massacrez! C'était donc bien, en 1867, un cri patriotique et opportun que celui-là : Vive la Pologne! Honneur à Floquet et à quiconque alors le poussa!

En 1870, année glorieuse pour la dynastie corse, nous avons d'abord l'assassinat de Victor Noir par cet échappé de máquis, Pierre Bonaparte. Au procès de Tours, le père de Victor Noir, partie civile, eut pour avocat M⁵ Floquet, assisté de M⁵ Laurier, qui jouait alors les jeunes premiers républicains. Le procès finit, cela va de soi, par l'acquittement de l'assassin, et aussi par son écrasement sous la poussée vengeresse de l'opinion. Ce dernier résultat, le plus important et le seul possible, fut pour la majeure part l'œuvre de Floquet. Ceux qu'on appelait les juges gagnèrent en conscience leurs appointements. Insolents, plats et cyniques, ils ne négligèrent aucun mensonge, aucune farce, pour dérouter l'attaque. Peines perdues : elle fut impitoyable, sûre, décisive. La vérité apparut, jetée en pleine lumière par la haute éloquence de Floquet. Partout on lut, relut, commenta son plaidoyer magnifique, et sa réputation devint de la gloire.

Après le procès de Tours, le procès de Blois. Vous vous rappelez cette funambulesque histoire? Le faux complot contre la vie précieuse du Sire, les bombes Lepet et autres ingéniosités. On en rit beaucoup. Rire salutaire, à la veille de tant de larmes. Avez-vous lu la verveuse plaidoirie de Floquet? Non. Relisez-la; c'est un remède excellent contre le spleen.

Ce procès de Blois, ramassis de vieilles loques mélodramatiques, avait été allumé sous « la marmite infâme » où ce piètre sorcier, Ollivier (Émile), mijotait son plébiscite. En dépit des Jules Favre, des Picard, des Gambetta, Ferry, Floquet, Cernuschi, le plébiscite Ollivier réussit, comme a réussi depuis les temps historiques, et peut-être avant, tout plébiscite, car le truc plébiscitaire est encore la seule infaillibilité connue. Il eut pour lendemain prévu la guerre, et la guerre pour lendemain prévu aussi, l'invasion.

« Le 4 septembre, nous l'avons dit ailleurs, ne fut pas une révolution, mais une purgation. » L'opération fut rapid· et pacifique. Il n'y eut point mort d'homme à Paris. Tous les bonapartistes eurent la vie sauve, et, dès le 5 septembre, ils purent tranquillement conspirer. Seul, un homme de police reçut quelque légère égratignure. Un autre faillit être jeté à l'eau. Mais Schœlcher le sauva avec l'aide du combattant de février, Floquet. Le premier, en effet, avec son confrère Lenoël, Floquet avait forcé la ligne de sergents de ville qui barrait le pont de la Concorde. Au Palais-Bourbon, il demeura dans la salle de la Paix, exhortant ceux-ci, calmant ceux-là. Il y entendit proclamer, en une heure, trente gouvernements provisoires. Et puis, avec le gouvernement de la Défense nationale, il entra dans l'Hôtel de Ville.

Le 4 septembre est dans la vie de tout républicain d'élite une date significative. Elle marque une fin et un commencement, pour tout dire une métamorphose. La veille, on était homme d'opposition. Le lendemain, il fallut se révéler homme de gouvernement. Et en ces affres terribles où Bonaparte fuyant avait laissé la France, dans Paris surtout, dans cette capitale immense et trop cosmopolite, jetée comme pour une monstrueuse expérience aux plus formidables périls, l'assaut possible, le siége certain, l'espionnage, la faim, la défiance, la colère, la lassitude, la discorde, — homme de gouvernement, cela voulait dire tout à la fois : homme de courage physique et moral, de bonne humeur quand même, d'organisation, de dévouement et de conciliation ; homme de toutes les qualités enfin, originelles ou acquises, dont quelques-unes suffisent, en temps ordinaire, pour établir une réputation ou asseoir une popularité. Crier : vive la République ! était alors chose très simple ; la proclamer, inutile ou prématuré. Il fallait la créer lentement, la prouver à un peuple incrédule et affolé, la rendre possible et inévitable, l'armer contre une victoire malheureusement improbable et contre une défaite, hélas ! trop assurée, contre tous et contre elle-même. La République était alors quelque chose comme un vaisseau tout neuf et inachevé, non gréé, non approvisionné, qu'on lançait en pleine

tempête, sans boussole, avec des chefs impro-
visés, écoutés à peine ou discutés par un équi-
page indocile, sur une mer sans bornes. Im-
poser à la France de 1851 l'empire, ç'avait été
une œuvre peu laborieuse où l'entente de
quelques conjurés avait suffi. Quels miracles
de génie et de patriotisme, déjà oubliés, n'a-t-il
point fallu pour faire accepter par la France
actuelle, pourtant si éprouvée, la République
de 1870!

Charles Floquet se montra de suite homme
de gouvernement. Rochefort, délivré, venait
d'entrer à l'Hôtel de Ville, et déjà autour de
lui un groupe d'ardents se formait. Floquet,
son ami de collège, lui tint un langage patriotique, écouté aussitôt par l'auteur de *la Lan-
terne*. Témoin, lui aussi, de l'imminent danger, l'auteur de cette biographie se précipita de
salle en salle, à travers les gardes nationaux
qui veillaient aux abords du conseil, et, non
sans peine, il put prévenir Jules Ferry dont il
connaissait les bonnes relations avec Rochefort.
Jules Ferry accourut, embrassa Rochefort, et
l'entraîna au conseil. D'où un équilibre provisoire pour le gouvernement de la Défense.

La première proclamation de la mairie de

Paris est de la main de Charles Floquet. Le soir, avec deux ou trois personnes, sans armes, il s'en alla au Sénat pour le disperser. Amusante excursion dont il faut lire le récit dans la déposition de Charles Floquet devant la fameuse commission d'enquête instituée par la célèbre Assemblée nationale. Ce corps prévoyant, imaginé, s'il vous en souvient, pour « ne point s'opposer », le Sénat s'était exécuté d'instinct. Le président Rouher avait pris le rapide, emportant les plus précieuses archives en son château, où Bismarck les dénicha. Plus de sénateurs au Sénat, sauf deux, le général Montfort, gouverneur, et Ferdinand Barrot, cet ambassadeur pharamineux qui écrivait à son empereur : « Mais quel génie vous avez, Sire! Vous m'avez envoyé dans un pays dont je parle la langue! » Et Floquet ne les dispersa point, car il restait au Sénat quelques paletots de sénateurs dont la garde leur fut confiée.

Nommé adjoint au Maire de Paris, Floquet dressa, avec Étienne Arago et Brisson, cette première liste de maires que tout Paris approuva. Du 4 septembre au 31 octobre, il eut sa part d'initiative dans toutes les grandes mesures, celle par exemple, de l'assemblée fréquente de tous les maires à l'Hôtel de Ville. Mais il s'était surtout attribué les rapports de la Mairie avec la garde nationale, rapports ardus et délicats où sa loyauté politique lui valut des sympathies nombreuses.

Le 31 octobre, il partagea les périls de l'autorité légale. Mais parce que le gouvernement ne procéda point sur l'heure aux élections municipales, selon l'engagement contracté par la Mairie centrale et rédigé par Floquet, il donna sa démission et ne la voulut point retirer. « Ma pensée, a-t-il dit, avait été de dégager ma responsabilité d'une politique à laquelle je ne pouvais plus m'associer, mais en même temps j'avais horreur de la guerre civile dans la situation où nous nous trouvions. Je mets au défi qui que ce soit de trouver un acte de moi, une parole qui ne soit pas conforme à ce double sentiment, ou de signaler ma présence dans les réunions où l'on aurait préparé quelque chose contre le gouvernement de la Défense. » Nul témoignage n'est plus exact. La porte de Floquet demeura fermée aux agités. Il vota *oui* au plébiscite de novembre. Il resta, inébranlable et simple, dans le devoir patriotique. Il s'engagea dans les artilleurs de

Schœlcher, et continua de prendre part aux séances de la commission des barricades que présidait Rochefort.

Bien empêchée de se manifester dans Paris, puisque les Prussiens, selon leur invariable habitude, ne tentaient point l'assaut, cette commission cherchait à s'utiliser au dehors. Dans la nuit du 1ᵉʳ au 2 décembre, le général Ducrot lui fit demander un envoi de deux à trois cents travailleurs. Dréo, Floquet et Albert, l'ancien membre du gouvernement provisoire, acceptèrent la mission de les réunir et de les mener à Champigny. A huit heures du soir, on battit le rappel dans les plus vaillants quartiers, et, de carrefour en carrefour, nos délégués haranguèrent les citoyens accourus. Une troupe assez nombreuse les suivit vers le champ de bataille. Une fois dépassés les avant-postes français, il y eut quelque indiscipline avec désertions. Les chefs alors mirent le revolver au poing et leur attitude sauva l'expédition. A onze heures du soir, elle gagna Champigny où Ducrot n'était point. Un colonel du génie la reçut, et, sous sa direction, les travailleurs parisiens élevèrent ces barricades qui permirent au 35ᵉ de ligne de repousser, vers cinq heures du matin, le mouvement offensif des Prussiens.

Le 8 février 1871, 93,579 électeurs envoient Floquet à l'Assemblée nationale. C'est quelque chose, il semble, que de compter à son actif cent mille voix, et le scrutin de liste fait à ses élus une autre figure que le petit jeu du scrutin d'arrondissement. *Quousque tandem?*

A Bordeaux, Floquet s'inscrit parmi ceux qui, en toute raison, ne désespèrent point de la France. Il vote contre le traité de paix imposé par ces bons Germains, peuple de philosophes qui avait déclaré, en mettant ses grosses bottes sur le sol français, ne vouloir point nous prendre un village et ne faire la guerre qu'au nommé Napoléon. Il vote contre la formation cocasse d'une garde départementale de l'Assemblée. Il vote contre cette provocation bête, le transfert de l'Assemblée à Versailles.

Entre la courte session de Bordeaux et la première session de Versailles, il alla passer quelques heures dans la famille de M⁻ Floquet, en Alsace. Comme il regagnait Paris par le seul chemin alors praticable, la Suisse, il apprit la nouvelle peu étonnante, mais si douloureuse, de l'insurrection du 18 mars.

Elle venait d'éclater enfin, sous les yeux de

la Prusse qui riait à en décrocher sa large mâchoire, cette insurrection formidable, résultante de tant de fatalités et de complicités. La plus excusable et la plus folle, la plus explicable et la plus condamnable des insurrections, dont le lugubre souvenir pèsera éternellement sur la mémoire de l'Assemblée ingrate qui l'a obstinément provoquée, et des partis vaincus ou impuissants qui l'ont, dès le 5 septembre, attisée, fomentée : le parti bonapartiste surtout, en qui l'histoire démasquera le bénéficiaire unique de cet effroyable malentendu.

En ces mois les plus terribles de l'année terrible, le caractère de Floquet ne se démentit point. Entre l'adjoint au Maire de Paris et le représentant du peuple, nulle contradiction, nulle disparate. Il fut en 1871 contre la guerre civile ce qu'il avait été, en 1870, pour la guerre contre les barbares : un citoyen courageux, homme de gouvernement. Il prit, avec ses amis Lockroy et Clémenceau, une part active aux délibérations des maires. Tous trois, ils se multiplièrent au péril de leurs jours et de leur popularité, avertissant la Chambre, adjurant l'émeute. Partisans énergiques des élections municipales à bref délai, ils signèrent la transaction célèbre dont le rejet par cette Assemblée, dite nationale, ouvrit l'écluse aux torrents de sang prédits par M. Thiers. Tant que n'eut point commencé, abominable, irréparable, dans la lice étroite concédée par les spectateurs germains, la civile bataille, on entendit, par-dessus le choc des passions exaspérées, vibrer leur ferme éloquence. Puis, quand tout espoir fut perdu, frémissant et haussant les épaules : « En vérité. ces gens-là sont fous ! » cria Floquet à l'Assemblée de Versailles. Ce cri, toute la France le pensait, toute la France le répéta, et l'histoire lui ouvrira son écho sans fin.

Puis Floquet, Lockroy et Clémenceau donnèrent leur démission. « Nous jurons, écrivirent Lockroy et Floquet, devant la nation que nous n'avons aucune responsabilité dans le sang qui coule en ce moment. Mais puisque malgré nos efforts passés, malgré ceux que nous tentons pour arriver à une conciliation, la bataille est engagée, nous, représentants de Paris, croyons que notre place n'est plus à Versailles. Elle est au milieu de nos concitoyens, avec lesquels nous voulons partager, comme pendant le siège prussien, les souffrances et les périls qui leur sont réservés. Nous n'avons plus d'autre devoir que de défendre comme citoyens, et selon les inspirations de notre conscience, la République menacée. » C'était là un hardi langage en ces jours maudits de haines imbéciles. Le devoir qu'ils proclamaient, ils le remplirent aussitôt. A leur appel accoururent chez Floquet, rue de Seine, quelques Parisiens d'une espèce fort rare alors dans Paris, des patriotes qu'une ambition malvenue n'avait point enrégimentés dans les Étéocles d'ici ou dans les Polynices de là-bas, également hostiles aux enragés de la Commune et aux enragés de Versailles, des politiciens, comme disent aujourd'hui les malins de droite et de gauche, des politiques, comme l'on disait aux temps semblables de la Ligue. Et c'était pour une ligue aussi qu'ils s'assemblèrent : la *Ligue d'union républicaine des droits de Paris*, dont le nom résume toute la mission. Floquet en fut le premier président. Autour de Lockroy, Clémenceau, Floquet, vinrent se grouper les Allain-Targé, les Brelay, les Frédéric Morin, les Schœlcher, Stupuy, Jobbé Duval, Carlos Derode, Yves Guyot, André Lefèvre, Harant, Murat, *e tutti quanti*, parmi lesquels s'honore d'avoir pris place votre serviteur, aussitôt que l'intelligente et généreuse intervention de MM. Protot, Paul Dubois et Dacosta l'eut arraché aux griffes obstinées de Raoul Rigault.

Déjà ébauchée par les déposants devant la Commission d'enquête du 18 mars, l'histoire de cette Ligue a été retracée, dans un volume récemment paru, par son secrétaire, l'éminent écrivain André Lefèvre. Plus qu'aucun autre, ce livre, de style impeccable et de haute pensée, facilitera la tâche des audacieux qui essayeront de débrouiller le sanglant écheveau de 1871. Si la Ligue ne put arrêter la guerre civile, elle en précisa tout au moins le caractère général et les responsabilités. Elle en adoucit çà et là les horreurs. Elle obtint, pour les habitants de Neuilly bombardés par Versailles et Paris, la trêve du 20 avril. Elle prévint plus d'un attentat, imposa plus d'un conseil, et sauva plus d'une individualité méritante.

Actif contre la violence, Floquet le fut en dehors de la Ligue, comme à la Ligue. Au Châtelet, à la réunion des francs-maçons qui voulaient planter sur les remparts les bannières de l'ordre, il s'éleva seul contre la proposition de prendre les armes, au cas où ces bannières seraient atteintes par les balles. Il fut hué, il persista, et il triompha. Mais, à se jeter entre des fous furieux, l'on court un double danger. Deux fois arrêté par les fédérés, il le fut encore par les agents de M. Dufaure tandis qu'il se rendait à Bordeaux, délégué par la Ligue au Congrès des Conseils municipaux de France. On le garda trente jours en prison à Pau. Son nom fut envoyé avec son portrait à tous les préfets, sous-préfets, commandants de gendarmerie et commandants prussiens, si bien que, relâché après une ordonnance de non-lieu, il subit une arrestation nouvelle en allant rejoindre sa famille d'Alsace.

Es fin ! le 23 juillet 1871, Paris est convié à se donner ce Conseil municipal dont l'élection en avril eût provoqué sans doute l'avortement de la discorde hideuse. Dès avant son entrée au Luxembourg, où le quartier Saint-Ambroise, du XIe arrondissement, l'envoya siéger le 28 avril 1872, Floquet aida ses amis Allain-Targé, Clémenceau, Lockroy dans leur minutieuse enquête sur le dommage irrémédiable causé aux industries françaises par la stupéfiante prolongation des poursuites. Cette enquête, sanctionnée par la majorité du Conseil, aboutit à une demande d'amnistie, — la

première d'une interminable série, — qui aboutit à un ricanement de la douce Assemblée de
Versailles. L'histoire dira les services que ren-
dit à la grande capitale, si bêtement calomniée,
son premier Conseil municipal élu. Toujours
parmi les plus assidus, Floquet ne borna point
son zèle aux travaux si absorbants du Conseil.
Quatre années durant, on put lire ses articles
en première page, dans la *République fran-
çaise*, alors que les républicains unis s'en
venaient chercher à l'hôtel Colbert le mot
d'ordre de la politique des résultats, depuis sot-
tement abandonnée. Et puis, comme sous l'empire, sa parole fut toujours prête aux victimes
de l'insatiable réaction. Grâce à lui, plusieurs
membres de l'Internationale se virent acquit-
tés. Grâce à lui, le général Ducrot perdit son
procès contre cette *Émancipation* de Toulouse
qui avait osé, l'effrontée, discuter les agisse-
ments de l'invincible guerrier.

Réélu en 1874 avec les membres de la
gauche avancée, Floquet fut élevé à la prési-
dence du Conseil. En 1876, 21,889 voix,
joli chiffre pour un scrutin d'arrondissement,
c'est-à-dire la presque unanimité du XIe, l'en-
voyèrent à la Chambre défendre le programme

Laurent Pichat, c'est-à-dire l'amnistie, la levée de l'état de siège, l'instruction gratuite, obligatoire et laïque, les libertés de réunion, d'association, de la presse, le service obligatoire, la suppression du budget des cultes, le retour à Paris, toutes les revendications formelles de l'opinion républicaine. Floquet les soutint à la tribune, et aussi dans le *Peuple*, feuille vive et militante, à un sou, qu'il dirigea quinze mois, des élections de 1876 à la veille du 16 Mai.

A la Chambre de 1876, comme au Conseil municipal de 1871, Floquet ne se laissa devancer par personne dans la question de l'amnistie. Aussitôt arrivé, il prononça sur cette question maîtresse un discours dont l'impression fut telle, même sur la majorité rétive, que M. Dufaure dut promettre, séance tenante, la cessation des poursuites. Après cinq années seulement de répression, c'était gentil, n'est-ce pas? Un peu plus tard, le même ministre hautain retrouva devant lui le même redoutable orateur, dans la question des honneurs funèbres soulevée par l'enterrement de Félicien David, et cette fois il tomba.

Est-il besoin de dire que Floquet fut, parmi les 363, l'un des premiers à la peine dans la

lutte contre les récidivistes du 16 Mai? Dès sa
rentrée à Versailles, la Chambre créa pour sa
protection le Comité des Dix-huit, et Floquet
en fut. Il lança contre ce tragi-comique ministère Rochebouët, préface du coup d'État, un
réquisitoire terrible. Et il fut aussi de cette
Commission du budget qui refusa l'argent de
la France aux aventuriers de l'ordre moral.
Mac-Mahon enfin capitula. Dès lors, le député
du XIe ne cessa de jouer dans la Chambre
des 363 un rôle prépondérant. Son rapport sur
l'élection de Fourtou éclaira d'une implacable
lumière les hontes du 16 Mai. Son discours
pour l'invalidation de Paul de Cassagnac, le
plus grand triomphe jusqu'à ce jour de sa car-
rière oratoire, retentit par toute la France, et
seul, le manque d'espace nous empêche d'en
citer après tant d'autres la péroraison superbe.

A l'avènement du dernier ministère Dufaure,
le groupe de l'Union républicaine se reforma,
et Floquet en fut le premier président, comme
jadis de la Ligue. Après les élections sénato-
riales de 1879, il prêta sa parole à cette inter-
pellation du 20 janvier qui précéda de si peu
la retraite de Mac-Mahon. Avec tous les pré-
voyants, il batailla inutilement pour la mise

en accusation des De Broglie et autres Fourtou.

Un discours de lui enleva le vote sur la suspension de l'inamovibilité de la magistrature. Un autre fit tomber le ministère Waddington. Il fut de toutes les commissions du budget. Il parcourut le sud-ouest avec la Commission d'enquête sur les candidatures officielles du 16 Mai. On l'entendit en plus d'une province, à Lyon, Valence, Beauvais, Elbeuf, Lille, Rouen..... ici, menant la campagne des syndicats ouvriers contre les aimables collectivistes, là, prêtant son éloquente parole au *Denier des écoles* et à tant d'autres œuvres républicaines. Il fit à Paris maintes conférences, dont une, au théâtre de l'Ambigu, particulièrement applaudie : celle où, opposant le vrai *Peuple* de Michelet au faux peuple des Na-naturalistes, il caractérisa si bien « la sensation de fatigue, de dégoût, d'écœurement » qu'éprouvent, à la lecture de l'*Assommoir*, les hommes de goût, les patriotes soucieux du renom français. Enfin, en 1881, nommé vice-président, il présida plus d'une fois la Chambre avec un tact supérieur, apprécié par tous les partis.

En même temps qu'il rentrait toujours député du XIe à la Chambre de 1881, Floquet

prenait avec Allain-Targé la direction du journal l'*Union républicaine*, sur les instances du
conseil d'administration présidé par M. Mar-
mottan. Dépossédé, comme il le fut sitôt, de
cette double direction heureusement combinée,
ce journal eut une brillante mais courte car-
rière. Le 14 novembre, en effet, Allain-Targé
était appelé au ministère des finances par Gambetta, et, dans les premiers jours de janvier 1882, le Président du Conseil appelait à la
succession du regretté Hérold, préfet de la
Seine, son compagnon de luttes et de triomphes,
son frère de combat, l'ancien président du Conseil municipal, Floquet.

Elle lui porta bonheur sa dignité nouvelle,
et sa popularité grandit au pavillon de Flore.
Il activa, il pressa, et le 14 juillet il inaugura
enfin cet Hôtel de Ville *redivivus* qui semblait
plus inachevable que la cathédrale de Cologne.
O la belle, ô l'inoubliable fête! Et quel lendemain, cette lutte étonnante où le Conseil
municipal de Paris battit le Gouvernement et
la Chambre! Floquet un instant fut deux fois
préfet, sur la prière de l'État et par le vote du
Conseil, quasi Maire de Paris.

Cependant les ministres, en ces temps si

proches et déjà si éloignés de nous, se pressaient comme l'on voit que se pressent les flots. Un ministère vir* ;.! emporta les espérances de la municipale autonomie, et nous ne le maudirons point pour cela. Mais la liberté municipale était, avec telle et telle réforme, la revision de l'octroi, l'admission des syndicats ouvriers aux travaux de la Ville, inscrite au programme de l'ancien député de la Seine, et d'une sinécure préfectorale il ne se souciait guère.

Plusieurs villes justement lui offraient un mandat législatif. Il choisit celui de Perpignan, et quitta les Tuileries, où rien ne lui paraissait plus à faire, pour le Palais-Bourbon, où dès hier une proposition célèbre.....

Oui, mais hier n'appartient pas encore à l'histoire, et puis l'espace nous manque. Ici, bon gré mal gré, finit notre récit. Vous semble-t-il un peu laudatif? Que voulez-vous? telles natures tout d'une pièce, avant tout sincères et bonnes, échappent volontiers à la critique. Charles Floquet, je le répète, est une de ces natures-là.